Ramona Orth

Bodengesellschaften Deutschlands

GRIN Verlag

Bibliografische Information der Deutschen Nationalbibliothek:

Die Deutsche Bibliothek verzeichnet diese Publikation in der Deutschen National-
bibliografie; detaillierte bibliografische Daten sind im Internet über http://dnb.d-
nb.de/ abrufbar.

Impressum:

Copyright © 2008 GRIN Verlag GmbH
Druck und Bindung: Books on Demand GmbH, Norderstedt Germany
ISBN: 978-3-640-11480-1

Dieses Buch bei GRIN:

http://www.grin.com/de/e-book/111907/bodengesellschaften-deutschlands

Institut für Geographie

Lehrstuhl für physische Geographie

SS 2008

Mittelseminar: Geobotanik und Bodenkunde

Seminararbeit zum Thema

„Bodengesellschaften Deutschlands"

Inhaltsverzeichnis

1. Einleitung und Begriffsklärungen

Um etwas über die Bodengesellschaften Deutschlands aussagen zu können, muss man zunächst die unterschiedlichen Aggregierungsstufen in der bodenkundlichen Kartierung betrachten. Sehr allgemein kann dieser Begriff der Aggregierungsstufen als Zusammenführung von kleineren zu größeren Flächeneinheiten aufgefasst werden. Die **Bodenform** ist hierbei die unterste, die „kleinste" Bodeneinheit. In dieser werden alle Böden zusammengefasst, die in ihren bodensystematischen und praktisch wichtigen Eigenschaften weitgehend übereinstimmen. Das heißt, dass sie alle dem gleichen Substrat und dem gleichen Bodentyp angehören.[1] Fasst man mehrere ähnliche Bodenformen zusammen, erhält man als nächste Aggregierungsstufe die **Bodenformengesellschaften**. Somit gelangt man von homogenen Bodenarealen in Form der Pedotope zu heterogenen Bodenarealen in Form der Pedochoren, die durch die Gesamtheit der sie aufbauenden Pedotope und deren räumliche Ordnung charakterisiert werden. Die Zusammenfassung unterschiedlicher Bodenformen-gesellschaften nach der Regelmäßigkeit ihres Auftretens bildet die **Leitbodenformengesellschaft**. Sie hebt flächendominante Bodenformen, die regelhaft mit Begleitbodenformen vergesellschaftet sind hervor. Vereinigt man mehrere dieser Leitbodenformengesellschaften in einem Verbreitungsgebiet das durch dominant bodenbildende Faktoren gekennzeichnet ist, erhält man die **Leitbodenassoziation**.

Auf diese folgen als Aggregierungsstufe fünf die **Bodenlandschaften**. Diese sind „Verknüpfung[en] der Leitbodentypen mit dem Landschaftscharakter; (z. B. Böden einer Sanderlandschaft oder Böden eines Lössbeckens) nur in kleinmaßstäbigen überregionalen Bodenkarten als Kartiereinheit genutzt."[2]

Verknüpft man diese Bodenlandschaften durch dominante Landschaftsgenese und geologische Einheiten, ergeben sich die **Bodengroßlandschaften**. Genauer gesagt werden Bodenlandschaften zusammengefasst, die durch eine gemeinsame geologisch-paläografische Entwicklung verbunden sind. Allerdings können sie durch regional unterschiedlich wirkende Geofaktoren geprägt oder/und überformt worden sein und daher heutzutage unterschiedliche Bodenbildungen aufweisen.

Das oberste Niveau der bodengeographischen Einteilung stellen in Deutschland letztendlich die **Bodenregionen** dar. Dies „sind überregionale Bodeneinheiten, die die Böden nur sehr allgemein charakterisieren.[...] Als Kartiereinheit werden sie nur in sehr kleinmaßstäbigen,

---

[1] vgl.: FIEDLER, H. J. (2001): Böden und Bodenfunktionen, S. 349
[2] vgl.: BKA 2005, S. 330

internationalen Kartenwerken genutzt (z. B. Weltbodenkarte).“[3] Sie sind gekennzeichnet durch gemeinsame, meist geologisch bedingte Kriterien, die sich vorwiegend aus der Geogenese und den Substraten ergeben. Aber auch aus den Wasserverhältnissen oder dem Relief ergeben sich diese Kriterien.

Um nun auf den Begriff der **Bodengesellschaften** zurückzukommen, werden diese durch die verschiedenen Bodenformen einer Bodenlandschaft gebildet.[4] Sie vereinigen „in räumlicher Nachbarschaft auftretende unterschiedliche Böden, die z. B. hinsichtlich ihrer Lage im Relief, ihrer stofflichen Verknüpfung, ihres Ausgangsmaterials oder Wasserhaushalts regelhafte Abfolgen bilden und zu Einheiten zusammengefasst werden können.“[5] Durch das Relief sind sie teils catenaartig angeordnet (Catena: regelmäßige Bodenabfolge am Hang), teils bilden sie zunächst regellos erscheinende, aber durch bestimmte pedogenetische Faktoren geordnete Bodentypenkomplexe.

2. Bodenlandschaften Deutschlands

Um die verschiedenen Bodengesellschaften Deutschlands zu verdeutlichen, muss man das Land zunächst in seine fünf Bodenlandschaften aufteilen:
- das norddeutsche Tiefland mit den Flussauen, den Marschen und den Böden der glazialen Sedimentationsgebiete,
- die Lössgebiete,
- die Mittelgebirge,
- das nördliche Alpenvorland,
- die Alpen

und diese nach ihren jeweiligen Bodengesellschaften untersuchen.

2.1 Bodenflächenanteile

Betrachtet man die Bodenanteile geordnet nach ihren Großräumen, so nehmen die glazialen Sedimentationsgebiete Norddeutschlands und des Alpenvorlands mit 48% den größten Flächenanteil in Deutschland ein. Mit 36% der Gesamtbodenfläche folgen die Bodenregionen der Berg- und Hügelländer der Mittelgebirge einschließlich der Alpen. Die Bodenregion der Lössgebiete hat einen Anteil von 9%, wobei man beachten muss, dass weitere kleine Lössbe-

---

[3] vgl.: BKA 2005, S. 331
[4] vgl.: SCHEFFER, F. (1998): Lehrbuch der Bodenkunde, S. 533
[5] vgl.: BKA 2005, S. 386

cken regelhafter Bestandteil in den Beckenlagen der Mittelgebirge sind. Lössböden insgesamt haben in Deutschland einen Flächenanteil von ca. 15%. Die Böden der Flusslandschaften machen gemeinsam mit den Wattböden und Marschen der Nordseeküste ca. 6% der Gesamtbodenfläche aus.

„Hinsichtlich der Verteilung der Bodentypen herrschen entsprechend der Bodenentwicklung Braunerden und Parabraunerden vor.“[6] Diese treten, mit Ausnahme der Marschen, Auen und Niederungen, in allen Bodengebieten auf und umfassen zusammen fast 60% der gesamten Bodenfläche Deutschlands.

2.2 Die Bodengesellschaften des norddeutschen Tieflandes

Das norddeutsche Tiefland gliedert sich in einen nördlichen und westlichen Teil. Längs durch Schleswig-Holstein und weiter entlang der Westgrenze der Weichselvereisung verläuft die Grenzlinie. Der westliche Teil besteht überwiegend aus altpleistozänen Ablagerungen bei ausgeglichenen Geländeformen. „Die Grundmoräne der älteren Vereisung ist stärker entkalkt als die der jüngeren Vereisung.“[7] In den jung- und altpleistozänen Gebieten ist das Alter der Böden etwa gleich, da die interglazialen Böden durch den letzten Eisvorstoß und die periglazialen Prozesse, die damit zusammenhängen, zerstört wurden. Fast alle bodenbildenden Substrate sind Lockergesteine.

Das norddeutsche Tiefland gliedert sich in die Marschen, das Altmoränenland und das baltische Jungmoränenland. Jede dieser Bodenregionen weist unterschiedliche Bodengesellschaften auf, die im folgenden näher erläutert werden. „Ausschlaggebend [für die unterschiedlichen Bodengesellschaften] sind die verschiedenen Substrate (Ausgangs-materialien), das insgesamt schwache Relief und die mit dem Substrat und dem Relief wechselnden Bedingungen für den Bodenwasserhaushalt.“[8]

2.2.1 Die Bodenregion der Flussauen

„Flussauen durchziehen alle Großlandschaften und stellen charakteristische Gliederungselemente der Bodendecke dar.“[9] Die Ausprägung der Auenböden ist abhängig von den Substrat- und Bodenverhältnissen der Einzugsgebiete, den Sedimentationsbedingungen (z.B. Ausbildung des Talbodens, Überflutungshäufigkeit) in den Tälern sowie von den Grundwasserständen.

---

[6] vgl.: LIEDTKE, H. (2002): physische Geographie Deutschlands, S. 269
[7] vgl.: FIEDLER, H. J. (2001): Böden und Bodenfunktionen, S. 352
[8] vgl.: TIETZE, W. (1990): Geographie Deutschlands, S. 288
[9] vgl.: LIEDTKE, H. (2002): physische Geographie Deutschlands, S. 276

Entsprechend der Bildungsbedingungen sind die Auenbodengesellschaften häufig heterogen ausgebildet. Charakteristisch ist eine räumliche Differenzierung entsprechend dem Längsprofil der Täler, die sich wie folgt darstellen lässt: die Sedimentationsbedingungen in den Oberlaufgebieten sind extrem unausgeglichen, so dass die schmalen Täler der Bergländer oft durch hohe Heterogenität der Wasser- und Substratverhältnisse gekennzeichnet sind. Die Mittellaufabschnitte sind ausgeglichener. Die Auenlehmdecke ist relativ einheitlich aus feinkörnigem Material, nämlich Schluff bis Ton, aufgebaut. Allerdings ist sie unterschiedlich mächtig und weist einige Dezimeter bis mehrere Meter Mächtigkeit auf, jeweils in Abhängigkeit vom Untergrund und den Sedimentationsbedingungen.

Charakteristische Bodentypen für die Mittellaufabschnitte sind **Vega (=brauner Auenboden**, siehe Abb.1) und **Vegagley**.[10] Ersterer wird im folgenden näher erläutert:

a. Profil:

Auenböden sind Böden der Flusstäler, was bedeutet, dass sie bei unregulierten Fließgewässern periodisch überschwemmt werden. Jedoch weisen sie keine redoximorphen Merkmale auf, da das Grundwasser zu sauerstoffreich ist. Die typische Horizontabfolge der Vega ist Ah-Bv-Go. Der Oberboden wird von dunkelbraunem, humosem Sand gebildet. Auf ihn folgt nach dem Bv-Horizont ein braun-gelber Oxidationshorizont im Grundwasserschwankungsbereich. Vegen kommen auf Substraten von Ton bis sandigem Lehm vor.

b. Entwicklung:

Auenböden entstehen aus den Sedimenten der Bach- und Flussauen. Sie sind geprägt durch starke Grundwasser-

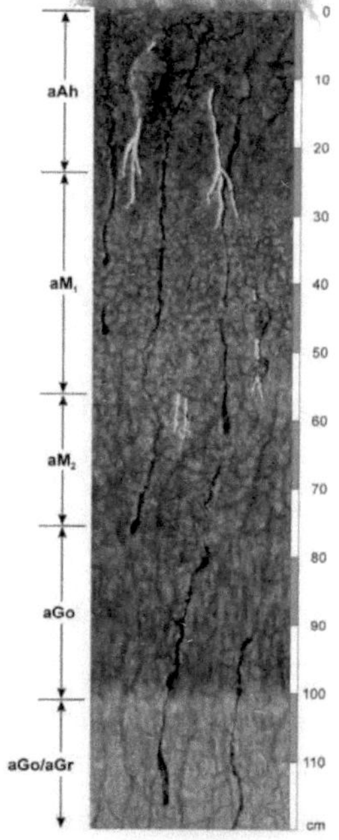

Abb.1: Vega

schwankungen und periodische Überflutungen. Außerdem wird die Bodenentwicklung durch Sedimentation und Erosion immer wieder unterbrochen, da die Böden periodisch überflutet werden. Damit aus dem Auen- ein Vegaboden entsteht, muss eine tiefreichende Verwitterung am Ort der Ablagerung stattfinden.

c. Eigenschaften:

Auenböden sind sehr sauerstoffreich und Vegen besitzen aufgrund der lehmigen Bodenart eine hohe nutzbare Feldwasserkapazität. Ferner sind sie nährstoffreich, weshalb sie meist als

---

[10] vgl.: LIEDTKE, H. (1995): physische Geographie Deutschlands, S. 206

Grünland dienen. Ackerbau ist auf den Auenböden nur möglich, wenn das Grundwasser gesenkt wird und Deiche gegen die Überschwemmung errichtet werden.[11]

In größeren Talweitungen sowie in den Unterlaufgebieten kommen überwiegend feinere Partikel zur Ablagerung, so dass tonige Auenböden dominieren, welche durch hohe Grundwasserstände gekennzeichnet sind.

2.2.2 Die Bodenregion der Marschen

Der Übergang zu den Marschen vollzieht sich im Mündungsbereich der großen Flüsse an der Nordseeküste. Der Begriff Marsch bezeichnet eine Flachlandschaft, die im Bereich des Meeresspiegels an einer Wattenküste oder im Tidebereich der Flüsse liegt. Sie trägt normalerweise eine geschlossene Pflanzendecke.[12] „Marschen sind während des jüngeren Holozäns sowohl durch fluviale als auch durch maritime Sedimentation entstanden."[13] Die Ablagerungen in den Küstenbereichen wachsen allmählich über das mittlere Gezeiten-hochwasser auf, so dass die Sedimentationsbereiche der Flussmündungen und des Watts nur noch bei Hochwasser überflutet werden. Durch Eindeichung wird die natürliche Marschentstehung zusätzlich gefördert und beschleunigt, da der Marschboden dadurch gesichert wird, d.h. auch bei Sturmfluten findet wenig bis keine Abtragung, aber auch keine Aufschlickung mehr statt. Auf den Flächen, die dem Zugriff des Meeres entzogen sind, setzen schrittweise Verwitterung und Bodenbildung ein. Die Untergliederung in Bodentypen erfolgt nach den Bodenmerkmalen. So unterscheidet man zwischen Kalk-, Klei- und Knickmarsch. Das typische Profil der Kalkmarsch ist ein Ah-Go-Gr-Profil. Die Salze im Ah- und Go-Horizont sind ausgewaschen, die Entkalkungsvorgänge aber noch nicht abgeschlossen. Durch diese Entkalkung entwickelt sich die Kleimarsch, mit Ah-Go-Bv-Gr-Profil. Hier sind Entkalkung, Versauerung und Silicatverwitterung soweit fortgeschritten, dass Verbraunung und Tonmineralbildung einsetzen. Die daraus entstehende staunasse Knickmarsch mit   Ah-Sw-Sq-Gr-Profil weist im Oberboden etwa die gleichen Verhältnisse wie die Kleimarsch auf. Die Durchlässigkeit des Bodens wird aber stark durch den Knick in 30-70 cm Tiefe beeinträchtigt, der zu Staunässe führt. Als solch einen Knick bezeichnet man tonreiche Unterbodenhorizonte oder Schichten, die durch Sedimentation oder Tonverlagerung entstanden sind und bei Na- und Mg-Belegung den Boden

---

[11] vgl.: SCHEFFER, F. (1998): Lehrbuch der Bodenkunde, S. 438
[12] vgl.: SCHEFFER, F. (1998): Lehrbuch der Bodenkunde, S. 510
[13] vgl.: LIEDTKE, H. (1995): physische Geographie Deutschlands, S. 207

undurchlässig machen.[14] Die ganz jungen Kalkmarschen, die z.B. durch Landgewinnung in Nordfriesland verbreitet sind, gehören zu den ertragreichsten Ackerböden Deutschlands.[15]

Die Bodengesellschaften der Flussauen und Marschen betragen in Deutschland insgesamt 51.739 km^2, was einem Anteil von 15,2 % an der Gesamtbodenfläche Deutschlands entspricht. Diese Prozentzahl gliedert sich in den Bodentyp Vega bis Auengley, der 5,6 % an der Bodenfläche einnimmt, Gley und Naßgley, auf den 2,9 % fallen, Moore mit 4,9 % und die Marsch mit 1,8 % Anteil.[16]

2.2.3 Die Böden der glazialen Sedimentationsgebiete

Die großräumige Differenzierung der Bodendecke in den Glaziallandschaften wird stark durch die Lithologie des Ausgangsmaterials und das Alter der Bodenbildung bestimmt. Daraus resultiert die Untergliederung in drei gürtelartig angeordnete Zonen mit spezifischen Bedingungen der Bodenentwicklung:

- das lössfreie Altmoränengebiet
- das ältere Jungmoränengebiet nördlich der Pommerschen Eisrandlage
- das jüngere Jungmoränengebiet südlich der Pommerschen Eisrandlage

Im folgenden werden die beiden Letzteren zusammengefasst behandelt.

2.2.3.1 Die Bodenregion der Altmoränenlandschaft (Geest)

Als Altmoränenlandschaft werden Gebiete bezeichnet, die in früheren Kaltzeiten eisbedeckt waren, vom letzten Inlandeis nicht mehr bedeckt worden sind und während dieser Zeit letztmals einer periglaziären Überformung unterlagen. Ausgangsmaterial und Relief wurden durch diese Vorgänge in der letzten Kaltzeit stark verändert.[17] Zum Ausdruck kommt dies in der oft mehrere Meter tiefen Entkalkung einschließlich der Ausspülung des Feinmaterials, der damit verbundenen Nährstoffarmut der Böden sowie der flächenhaften Verbreitung von Decksedimenten wie Sandlöss, Geschiebedecksand oder Flugsand.

Der Flächenanteil der Altmoränenlandschaft beträgt in Deutschland 81.591 km^2, was einem Anteil von 22,7% der Gesamtbodenfläche Deutschlands entspricht und sie erstreckt sich gürtelförmig von der Geest Nordwestdeutschlands bis in die Niederlausitz.[18]

---

[14] vgl.: FIEDLER, H. J. (2001): Böden und Bodenfunktionen, S. 336
[15] vgl.: TIETZE, W. (1990): Geographie Deutschlands, S. 290
[16] vgl.: LIEDTKE, H. (2002): physische Geographie Deutschlands, S. 270
[17] vgl.: LIEDTKE, H. (1995): physische Geographie Deutschlands, S. 408
[18] vgl.: LIEDTKE, H. (2002): physische Geographie Deutschlands, S. 270

Auf den Sanden der Geest, wie die Altmoränenlandschaft auch genannt wird, sind **Podsole** sehr häufig.[19]

a. Profil:

Typische Podsole weisen die Horizontabfolge L-Of-Aeh-Ae-Bhs-Bs-C auf. Unter einer mächtigen Humusauflage folgt der aschgraue Ae-Bleichhorizont. Unter diesem Eluvialhorizont beginnt gut zu erkennen der dunkle Illuvialhorizont, der je nach Standort Ortstein aufweisen kann. Der Übergang zum C-Horizont ist unscharf und kann über einen Bv-Horizont erfolgen.

b. Entwicklung:

Wichtige Entwicklungsvoraussetzungen sind beträchtliche Niederschläge, hohe relative Luftfeuchte, eine niedrige Jahresmitteltemperatur, Ca- und Mg-arme Gesteine und Pflanzen mit geringen Nährstoffansprüchen. Sind diese Bedingungen gegeben, kommt es zu Versauerung und Nährstoffverarmung des Bodens, wodurch die biologischen Aktivitäten nachlassen. Somit wird die Streu nur langsam zersetzt, der Prozess der Podsolierung setzt ein: es findet Tonzerstörung und anschließende Verlagerung von

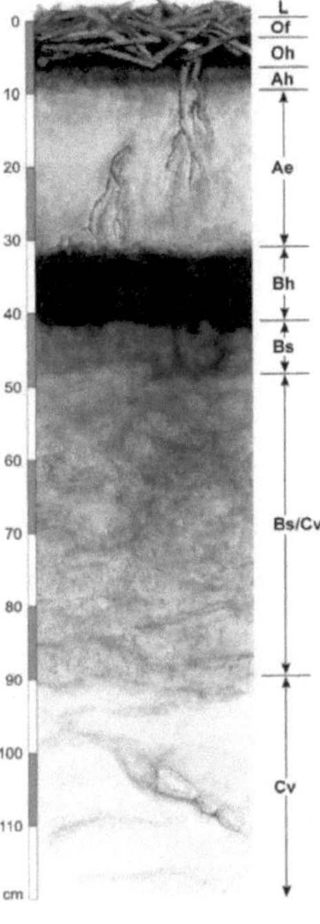

Abb.2: Podsol

Fe- und Al-Oxiden sowie organischer Verbindungen in den Unterboden und dortiger Ausfällung statt.

c. Eigenschaften:

Da Podsole sich aus sandigen Substraten entwickeln sind es sandige Bodenarten mit in der Regel hohen Quarzgehalten und schlechter Wasserspeicherleistung. Durch die Versauerung sind sie nährstoffarm. Hohe ackerbauliche Erträge sind nur durch starke Düngung und künstliche Bewässerung zu erzielen.[20]

Gefördert wird die Podsolierung in der Geest durch das dortige sandige Substrat, dem Ansteigen der Niederschläge bei gleichzeitig abnehmender Verdunstung (infolge kühlerer Sommertemperaturen an der Westküste), der Neigung zu Rohhumusbildung und der Auswaschung der Böden durch den hohen im Boden verbleibenden Wasserüberschuss.[21]

---

[19] vgl.: SEMMEL, A. (1993): Grundzüge der Bodengeographie, S. 64
[20] vgl.: SCHEFFER, F. (1998): Lehrbuch der Bodenkunde, S. 430
[21] vgl.: TIETZE, W. (1990): Geographie Deutschlands, S. 291

Man unterscheidet zwischen Primär- und Sekundär-Podsolen, was darauf beruht, „dass neben den Podsolen (primären), die ohne vorhergehende andere, intensive Bodenbildung entstanden, vielfach Podsole entwickelt sind, die sich im Oberboden von Sandparabraunerden (Bänderparabraunerden) nach der Rodung der ursprünglichen Laubwälder unter Heide oder Nadelwald sekundär ausbildeten.“[22] Die primären Podsole, auch Heidepodsole genannt, da bei ihnen durch die Rohhumus liefernde Heidevegetation die Podsolierung gefördert wird, besitzen einen nach unten gleichmäßig begrenzten B-Horizont. Die Podsole sekundär verheideter Waldstandorte enthalten dagegen im B-Horizont tieferreichende Zapfen anstelle alter Wurzelbahnen. Diese Zapfen haben oft Ortstein-Eigenschaften, sie sind also stark verdichtet und verkittet.

In den Senken der Altmoränenlandschaft dominieren grundwasserbeeinflusste Böden. Die hier vorkommenden Bodengesellschaften reichen von Gley-Podsolen und Gley-Braunerden zu **Gleyen** mit anhaltend hohem Grundwasserstand.[23]

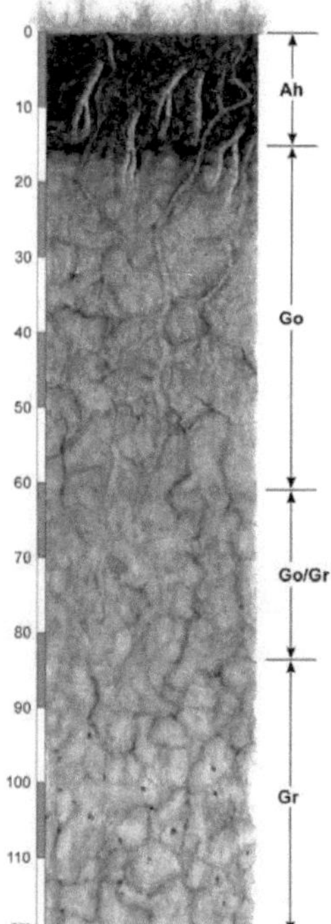

Abb.3: Gley

a. Profil:

„Der typische Gley hat die durch Grundwasser geprägte Horizontabfolge Ah-Go-Gr. Auf den vom Grundwasser unbeeinflussten Ah-Horizont folgt der rostartige Go-Horizont (Oxidationshorizont) und darunter der stets nasse, fahlgraue bis graugrüne oder auch blauschwarze Gr-Horizont (Reduktionshorizont).“[24]

b. Entwicklung:

Gleye entstehen unter dem Einfluss sauerstoffarmen Grundwassers. Dieser Sauerstoffmangel führt zur Lösung von Fe- und Mn-Verbindungen, die mit dem Grundwasser kapillar aufsteigen und im Go-Horizont, wo sie mit dem Sauerstoff der Luft in Berührung kommen, als Oxide ausgefällt werden.

c. Eigenschaften:

Gleye bieten der Vegetation stets ausreichend Wasser. Durch dieses Wasser, in dem ausgelöste Stoffe benachbarter Landböden enthalten sind, sind sie recht nährstoffreich. Sie eignen sich für die fortwirtschaftliche Nutzung sehr gut, vor allem für den Anbau von Baumarten mit hohem Wasserverbrauch wie Pappeln oder

---

[22] vgl.: SEMMEL, A. (1993): Grundzüge der Bodengeographie, S. 64
[23] vgl.: SEMMEL, A. (1993): Grundzüge der Bodengeographie, S. 64
[24] vgl.: SCHEFFER, F. (1998): Lehrbuch der Bodenkunde, S. 436

Erlen. Liegt der Grundwasserstand etwas niedriger können Gleye auch als Wiesen und Weiden genutzt werden.[25]

Die Geestgebiete, in denen lehmige Moränenreste an die Oberfläche gelangen, zeichnen sich durch **Pseudogley-Parabraunerde**-Gesellschaften aus. Liegt eine mächtigere Auflage Decksand vor, so entstanden auch **Podsole**.

In der folgenden Abbildung 4 wird die Beziehung zwischen Relief, Gestein und Böden in einer solchen Geestlandschaft aufgezeigt:

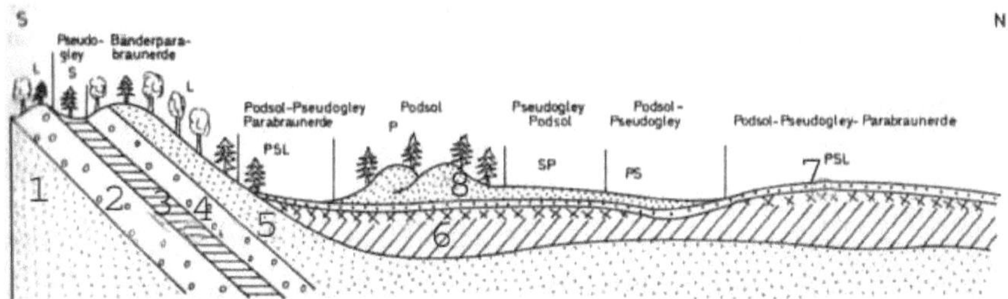

Abb.4: Bodenabfolge im Altmoränengebiet (Niedersachsen)
1-5 = ältere gestauchte Sande, Kiese und Geschiebemergel der Saale-Eiszeit; 6 = jüngerer, nicht gestauchter Geschiebemergel der Saale-Eiszeit mit letztinterglazialer Bodenbildung; 7 = Decksande der Weichsel-Eiszeit; 8 = spätglaziale und holozäne Dünen

Die Stauch-Endmoräne aus der vorletzten Eiszeit ist bedeckt von Vorschüttsanden, lehmiger Grundmoräne und Kiesen (siehe Abb.4, 1-5). Auf der jüngsten Grundmoräne, die nicht mitgestaucht wurde (6), bildete sich in der letzten Warmzeit eine Parabraunerde, die während der Weichsel-Kaltzeit von Decksanden überlagert wurde (7). Mächtige Dünen entstanden im Spätglazial und Holozän (8). Dort, wo die lehmige Grundmoräne in die Nähe der Oberfläche kommt, entwickelten sich pseudovergleyte Böden, in den gut entwässerten Lagen Parabraunerden. Podsole finden sich dort, wo die sandigen Substrate mächtiger sind.[26]

2.2.3.2 Die Bodenregion der Jungmoränenlandschaft

Die Jungmoränenlandschaften stellen in Deutschland 15,3% der Gesamtbodenfläche dar, was einer Fläche von 54.979 km² entspricht.[27] Die Böden dieser Landschaft sind in der Regel **Parabraunerden (=Luvisol)**.

a. Profil:

Die typische Horizontabfolge der Parabraunerde ist Ah-Al-Bt-C. Der tonverarmte A-Horizont ist bis zu 60 cm mächtig und umfasst den humosen geringmächtigen Ah- und den humusar-

[25] vgl.: SCHEFFER, F. (1998): Lehrbuch der Bodenkunde, S. 438
[26] vgl.: SEMMEL, A. (1993): Grundzüge der Bodengeographie, S. 65
[27] vgl.: LIEDTKE, H. (2002): physische Geographie Deutschlands, S. 270

men fahlbraunen Al-Horizont. Im darunter liegenden tiefbraunen Bt-Horizont, der zwischen 40 und 400 cm mächtig sein kann, hat Tonanreicherung stattgefunden.

b. Entwicklung:

Parabraunerden bilden sich bevorzugt aus lockeren Mergelgesteinen, aber auch aus carbonatfreien Lehmen und lehmigen Sanden. In den gemäßigt-humiden Klimaten geht die Entwicklung meist von Pararendzinen oder Braunerden aus, bei denen Carbonatauswaschung und schwache Versauerung eine Tonverlagerung (Lessivierung) ermöglichen. Bei stärkerer Versauerung entwickeln sich aus den Parabraunerden Podsol-Parabraunerden und schließlich Podsole.

c. Eigenschaften:

Zwischen Al- und Bt-Horizont herrschen sehr hohe Tongehaltsunterschiede. Unter Wald sind Parabraunerden mäßig bis stark versauert. Sie weisen in Abhängigkeit von Gestein und Verwitterungsgrad hohe bis mäßige Nährstoffreserven auf. Lehm-Parabraunerden sind recht günstige Ackerstandorte, wohingegen Löss-Parabraunerden wegen der Verschluffung des lessivierten Oberbodens zu Verschlämmung neigen.[28]

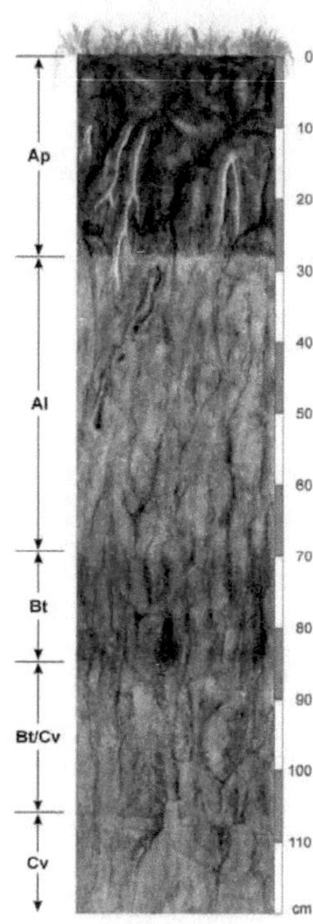

Abb.5: Parabraunerde

In den zahlreichen oft abflusslosen Senken der Jungmoränenlandschaft gehen die Parabraunerden in **Pseudogleye** über, wenn toniger Unterboden vorliegt.[29]

a. Profil:

„Pseudogleye sind grundwasserferne Böden, in denen ein Wechsel von Stauwasser und Austrocknung Konkretionen und Rostflecken vornehmlich im Aggregatinneren entstehen ließ, während die Aggregatoberflächen gebleicht wurden. Typische Pseudogleye weisen unter dem Ah- einen gebleichten durchlässigen Sw-Horizont auf, auf den ein dichter Sd-Horizont folgt.“[30]

b. Entwicklung:

Pseudogleye entstehen durch Redoximorphose unter dem Einfluss des Wechsels von Vernässung und Austrocknung.

---

[28] vgl.: SCHEFFER, F. (1998): Lehrbuch der Bodenkunde, S. 428
[29] vgl.: SEMMEL, A. (1993): Grundzüge der Bodengeographie, S. 62
[30] vgl.: SCHEFFER, F. (1998): Lehrbuch der Bodenkunde, S. 432

c. Eigenschaften:

Diese Böden trocknen im Oberboden häufiger stark aus als benachbarte Böden. Genutzt werden sie vielfach als Wiesen- und Waldstandorte. Ackernutzung ist wegen anhaltender Frühjahrs-vernässung oft erschwert.[31]

Die Tendenz zur Pseudovergleyung im Jungmoränengebiet nimmt von Osten nach Westen mit dem Anwachsen des maritimen Klimaeinflusses zu, während die Qualität der Parabraunerden im Osten, in Küstennähe, vor allem wegen der klimatisch bedingten geringeren Entkalkungstiefe am höchsten ist. Reicht das Grund-wasser bis nahe unter die Oberfläche, vor allem im Umkreis der zahlreichen Gewässer, werden Parabraunerden und Pseudogleye von **Gleyen** abgelöst.

Reicht in den Jungmoränenlandschaften das Grundwasser bis an die Oberfläche, so gehen die Gleye in Anmoore und Moore über.

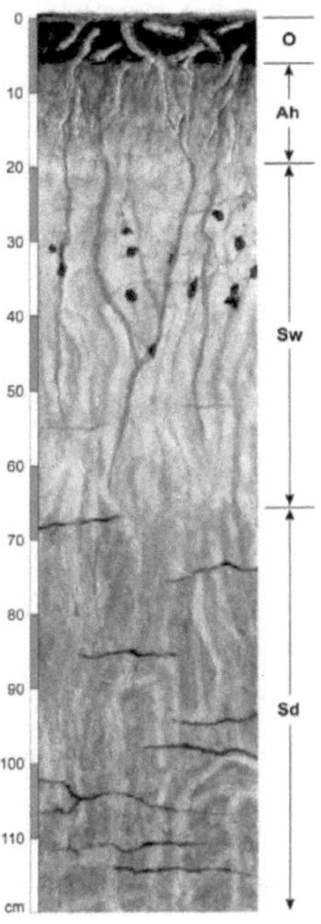

Abb.6: Pseudogley

2.3 Die Bodengesellschaften der Lössgebiete (Börden und Gäue)

Löss- und Sandlösslandschaften bilden in Deutschland 10,2% der Gesamtbodenfläche, was 36.777 km^2 entspricht.[32] Bodengesellschaften im Verbreitungsgebiet von Löss, Sandlöss und Lössderivaten sind an kolline (Hügellandstufe) und planare (Flachlandstufe) Höhenstufen gebunden. Im nördlichen Vorland der Mittelgebirgsschwelle (Börden), sowie in den großen Beckenlandschaften West- und Süddeutschlands (Gäulandschaften) befinden sich die größten Lössregionen.[33] So verläuft der Lössgürtel als ein schmales Band von 20-80 km Breite annä-hernd geschlossen in westöstlicher Richtung quer durch Deutschland. Er bildet gewisserma-ßen einen Grenzsaum zwischen Norddeutschem Tiefland und Mittelgebirge. In diesem Be-reich dominieren mächtige und im Untergrund für gewöhnlich kalkhaltige Lösse. „Löss ist ein äolisches [Schluff]Sediment, das unter kaltzeitlichen Klimabedingungen entstanden ist und dessen Bildungs- und Verlagerungsbedingungen relativ gut bekannt sind."[34] Für die Ausbil-

---

[31] vgl.: SCHEFFER, F. (1998): Lehrbuch der Bodenkunde, S. 433
[32] vgl.: LIEDTKE, H. (2002): physische Geographie Deutschlands, S. 271
[33] vgl.: GLASER, R. (2007): physische Geographie, S. 68
[34] vgl.: LIEDTKE, H. (1995): physische Geographie Deutschlands, S .209

dung dieses Lössgürtels werden die periglazialen Bedingungen des Hochglazials, vor allem der Weichsel-Kaltzeit, verantwortlich gemacht. Aber dennoch fehlt bis heute eine wirklich überzeugende Erklärung für die gerade in Mitteleuropa so charakteristische Weise bandartiger Lössausprägungen. Südlich des zuvor genannten Lössgürtels sind in Beckenlandschaften und Bergländern zwar ebenfalls Lösse verbreitet, sie treten jedoch nicht so geschlossen auf und haben, jeweils abhängig vom Relief, unterschiedliche Mächtigkeiten.

Die Entwicklung und Vergesellschaftung der Böden sind abhängig von den spezifischen Eigenschaften des Ausgangsmaterials (vor allem von der Mächtigkeit des Lösses, dem Kalkgehalt und dem Charakter des Liegenden), dem Relief und Klima. Berücksichtigt man diese Faktoren, so lässt sich erkennen, dass sich im Bereich der Lösszone drei Gruppen von Bodengesellschaften entwickelt haben:

- Schwarzerde-Bodengesellschaften
- Parabraunerde-Bodengesellschaften
- Pseudogley-(Staugley-)Bodengesellschaften

Das Hauptverbreitungsgebiet der **Schwarzerden (=Tschernosem)** ist die Magdeburger Börde in Sachsen-Anhalt. Jedoch treten Schwarzerden inselförmig auch in anderen Gebieten auf, zum Beispiel bei Hildesheim, im Oberrheintal und vereinzelt in der Wetterau.

a. Profil:

Der Tschernosem ist ein A-C-Boden aus lockerem Mergelgestein mit einem über 40 cm mächtigen, dunklen Mull-Ah-Horizont. Typisch für diesen Horizont sind die vielen Grabgänge diverser Bodentiere.

b. Entwicklung:

Die Schwarzerde bildet sich vorwiegend aus Löss. Die wichtigsten Bildungsprozesse sind die Humusakkumulation in Form von Mull, Bioturbation und biogene Gefügebildung.

c. Eigenschaften:

Mitteleuropäische Schwarzerden enthalten 15 - 20% Ton und sind im Oberboden meist kalkfrei. Sie reagieren mithin schwach sauer. Sie gehören zu den fruchtbarsten Böden und sind deshalb ausgezeichnete Ackerstandorte mit den wichtigsten Weizenstandorten der Erde.[35]

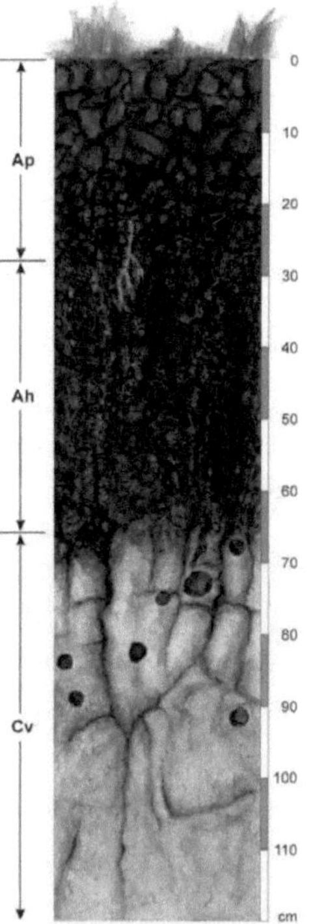

Abb.7: Schwarzerde

---

[35] vgl.: SCHEFFER, F. (1998): Lehrbuch der Bodenkunde, S. 424

Die vorherrschenden Böden in den Lössgebieten sind jedoch **Parabraunerden**. Diese nehmen den größten Teil des Lössgürtels ein und sind darüber hinaus im Oberrheintal, in der Wetterau, im Kraichgau und auch in Mainfranken verbreitet. Die Entkalkungstiefe liegt in der Regel unterhalb von 80-100 cm. Hauptsächlich an den Rändern der Mittelgebirge, in den feuchteren Lagen, nimmt die Entkalkungstiefe weiter zu und kann Werte bis zu 400 cm erreichen.

In Beckenlagen und Unterhangbereichen treten häufig **Pseudogleye** auf. Vor allem bei kalkfreien Lössen und dicht gelagerten Lössderivaten unter feuchten Klimabedingungen sind sie zu finden. Innerhalb und zwischen diesen drei Hauptbodengesellschaften gibt es zahlreiche Übergänge und Kombinationen. So sind beispielsweise in den peripheren Schwarzerdegebieten bei zunehmender Reliefierung Schwarzerde-Pararendzina-Bodengesell-schaften häufig. Sehr verbreitet sind außerdem Übergänge zwischen Pseudogley und Parabraunerden.[36]

2.4 Die Bodengesellschaften der Mittelgebirge

Die Lösszone mit ihren südlichen Randgebieten geht fast unmerklich in die Mittelgebirgszone über. Teilweise reichen die zungenartigen Ausläufer der Lössablagerungen in die Täler des Mittelgebirges hinein, auch bis auf dessen Hochflächen. Im folgenden werden diese Lössablagerungen aber außer Acht gelassen und die typischen Bodengesellschaften der höheren Lagen und der Beckenlagen der Mittelgebirge erörtert.

2.4.1 Höhere Lagen der Mittelgebirge

Die Hänge der Mittelgebirge bedecken zum Teil mehrere Meter mächtige pleistozäne Deckschichten, welche aus lokalem Verwitterungsmaterial bestehen, das aufbereitet wurde durch physikalische Verwitterungsprozesse und schließlich durch denudative Abtragungs-prozesse, vor allem durch Solifluktion, hangabwärts verlagert wurde. Diese Abtragung erfolgte jedoch nicht kontinuierlich, weshalb die Decksedimente mehrere Schichten aufweisen: Basislage, Mittellage, Hauptlage und Oberlage. Allerdings muss diese Lagenabfolge nicht überall idealtypisch gegeben sein; einzelne Lagen können abgetragen worden oder nie entstanden sein. Geht man jedoch von solch einer idealisierten Deckschichtenfolge aus, so beginnt diese mit der Basislage, die auf die Zersatzzone des anstehenden Gesteins folgt.

---

[36] vgl.: LIEDTKE, H. (2002): physische Geographie Deutschlands, S. 280

Abb.8: Schematisches Sammelprofil zur Deckschichtengliederung im Mittelgebirgsraum am
Beispiel kristalliner Massengesteine im Liegenden

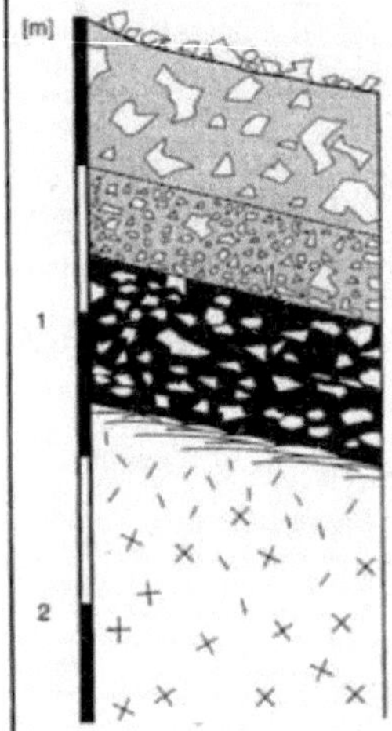

Lage	Altersstellung	dominante Kennzeichen
Oberlage	Holozän	blockiger Schutt, v.a. unterhalb von Gesteinsausbissen
Hauptlage	Spätglazial	blockig, mit hohem Schluffgehalt (Löß), locker gelagert, gut durchwurzelt (z.T. mit Laacher-See-Tephra, dann jungtundrenzeitliche Entstehung)
Mittellage	Spätglazial	viel Grus, kleine Steine, Schutt, dichte Lagerung, grob-polyedrisches Gefüge u.a., wechselnder Lößgehalt, z.T. mehrgliedrig, v.a. in erosionsgeschützten Positionen
Basislage	Spätglazial und älter	dicht gelagert, z.T. wie zementiert, weitgehend lößfrei, z.T. mehrgliedrig, eingeregelte Steine
Zersatzzone	vorwiegend Tertiär	im Grundgebirgsbereich: grusig, z.T. aus Saprolith hervorgegangen, an der Grenze zur Basislage mit „Hakenschlagen"
Saprolith bzw. Kristallin		

Diese ist „ein am Hang über größere Entfernungen verlagerter feinerdearmer Schutt mit oberflächenparallel eingeregelten Steinen."[37] In der Lage sind oft ältere Bodensedimente beziehungsweise Verwitterungsdecken aufgearbeitet und mit frischem Verwitterungsmaterial des Hangs vermischt.

Während in der Basislage keine Lössbeimengungen vorhanden sind, treten diese in der Mittellage großflächig auf. Sie ist nur in abtragungsgeschützten Reliefpositionen erhalten.

Im Gegensatz dazu tritt die Hauptlage großflächig und oft mit gleich bleibender Mächtigkeit auf. Sie besteht aus einem lockeren Gemisch aus Skelett und Feinerde mit hohem Schluffgehalt, der entweder aus intensiver Frostverwitterung oder Lössbeimengung stammt.

Vor allem in höheren Lagen ist über der Hauptlage noch die Oberlage entwickelt. Bei dieser handelt es sich um eine geringmächtige, grobschuttreiche Decke.[38]

---

[37] vgl.: LIEDTKE, H. (1995): physische Geographie Deutschlands, S. 280
[38] vgl.: LIEDTKE, H. (1995): physische Geographie Deutschlands, S. 281

Die typischen Bodengesellschaften in den höheren Lagen der Mittelgebirge sind **Braunerde (=Cambisol)**-Gesellschaften.

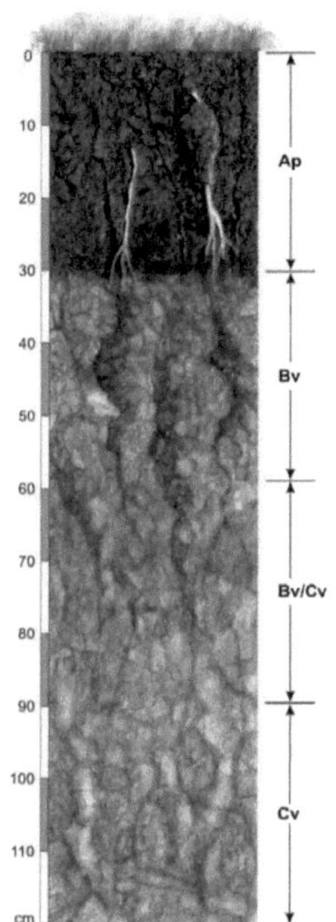

Abb.9: Braunerde

a. Profil:

Braunerden weisen einen humosen A-Horizont auf, der gewöhnlich gleitend in einen braunen Bv-Horizont übergeht. Unter diesem folgt in 25 bis oft erst 150 cm Tiefe der C-Horizont.

b. Entwicklung:

Im gemäßigten humiden Klima gehen Cambisole aus Rankern, Regosolen oder Pararendzinen hervor, sobald die durch Silikatverwitterung hervorgerufene Verbraunung und Verlehmung durch die Humusschichten tiefer ins Profil dringen.

c. Eigenschaften:

In Abhängigkeit vom Ausgangsgestein, der Vegetation und dem Versauerungsgrad variieren die Eigenschaften der Braunerden stark. So schwankt demnach auch der ackerbauliche Wert in einem weiten Bereich. Die meisten Braunerden werden wegen ihrer Flachgründigkeit nur als Wald genutzt.[39]

Im folgenden werden unterschiedliche Braunerde-Bodengesellschaften der höheren Mittelgebirge anhand mehrerer unterschiedlicher Bodenabfolgen erörtert:

1. Bodengesellschaft auf paläozoischem Gestein (Kieselschiefer) – Übergang von Braunerde in Parabraunerde

Als typisches für solch eine Bodengesellschaft kann folgendes Beispiel aus dem Kellerwald im nordöstlichen Rheinischen Schiefergebirge gelten: auf Kieselschiefer, einem paläozoischem Kieselsediment, unter einem Wald hat sich im Bereich einer heraus präparierten Klippe ein Rohboden oder ein Ranker gebildet (siehe Abb.10, Profil 1).

Auf beiden Seiten der Klippe bedeckt Solifluktionsschutt die Hänge. In diesem Deckschutt hat sich eine oligotrophe (nährstoffarme) bis mesotrophe (durchschnittlich nährstoffreiche) Braunerde entwickelt, deren Solumgrenze mit der Schuttbasis übereinstimmt (Profil 2, 3). „Der Schutt enthält eine hangabwärts zunehmende Lösslehmkomponente, die Basengehalt,

---

[39] vgl.: SCHEFFER, F. (1998): Lehrbuch der Bodenkunde, S. 425

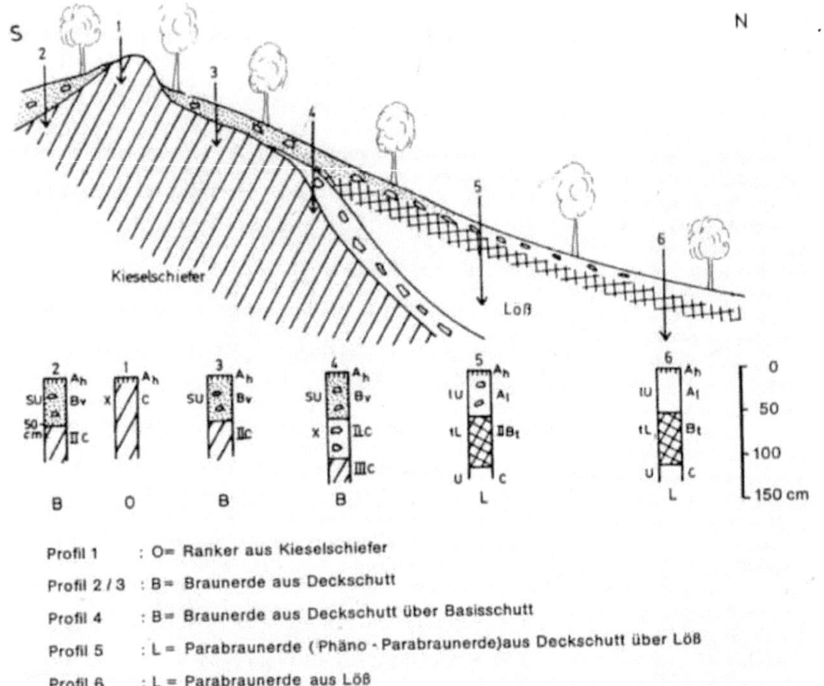

Abb.10: Bodenabfolge im nördöstlichen Rheinischen Schiefergebirge am Beispiel des Kellerwaldes.
Symbole rechts der Profile = Horizontsymbole, links = Bodenarten

Struktur und Wasserkapazität des Bodens verbessert."[40] Weiter hangabwärts schiebt sich zwischen Kieselschiefer und Deckschutt (=Hauptlage) eine ältere lössfreie Schuttfolge, die Basislage. Auch in der Hangzone der Überlagerung dieser beiden Schuttdecken ist noch Braunerde ausgebildet (Profil 4). Jedoch beginnt mit dem weiter unterhalb einsetzenden Löss eine zunehmende Tendenz zur Parabraunerde-Entwicklung (Profil 5). An der Obergrenze des Lösses hat sich ein Tonanreicherungshorizont (B_t) ausgebildet, der nach oben hin von der Braunerde und der Hauptlage begrenzt wird. Hangabwärts hellt sich die Braunerde immer mehr auf, der Steingehalt nimmt ab und im Profil 6 ist nicht mehr zu erkennen, dass zwischen dem Ober- und Unterboden auch eine geologische Grenze liegt. Man erkennt nur noch reine Parabraunerde aus Löss.[41] Die Standortqualität erhöht sich vom Ranker in der oberen felsigen Hangzone über die Braunerde zur Parabraunerde in der unteren Hangzone hin.

---

[40] vgl.: TIETZE, W. (1990): Geographie Deutschlands, S. 299
[41] vgl.: SEMMEL, A. (1993): Grundzüge der Bodengeographie, S. 47, 48

2. <u>Bodengesellschaften auf Buntsandstein</u>

„Der räumliche Wechsel von Braunerde zu Parabraunerde tritt vielfach auch dann auf, wenn innerhalb von Gesteinen gleichen Alters sandige von toniger Fazies abgelöst wird.“[42] Ein solches Beispiel ist die Bodenabfolge aus dem Buntsandsteingebiet des Kaufunger Waldes in Abbildung 11.

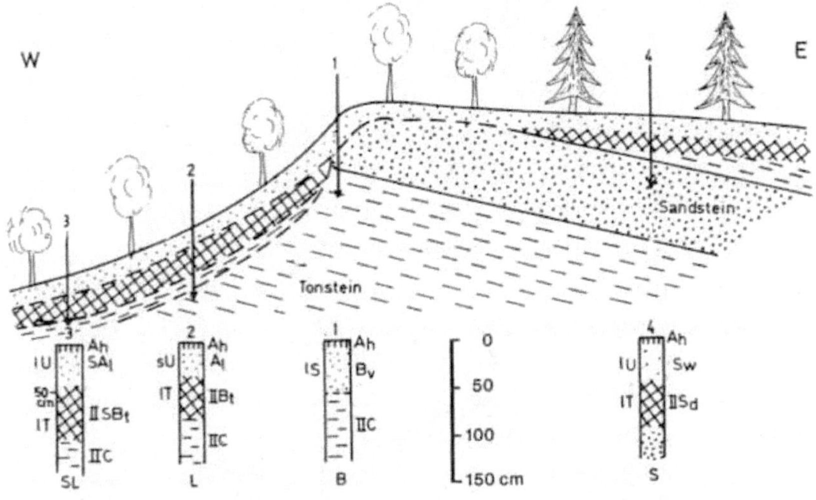

Abb.11: Bodenabfolge im Osthessischen Bergland als Beispiel für das Buntsandstein-Tafelland
Symbole rechts der Profile = Horizontsymbole, links = Bodenarten

Ein häufiger Wechsel zwischen gröberen, morphologisch harten Sandsteinlagen und feinkörnigen, morphologisch weichen Schluff- und Tonlagen führt zu einer Herausbildung von Schichtstufen. Auf diesen Stufen ist oberhalb des Sandsteins nur der Deckschutt (=Hauptlage) mit Braunerden entwickelt (siehe Abb.11, Profil 1). Diese sind trockene, saure, oft podsolige Böden. Im Bereich der feinkörnigen Gesteine (Profil 2) liegt unter der Hauptlage eine tonige Fließerde (=Basislage), die wegen ihres hohen Tongehalts oft weit talabwärts gewandert ist. Auf den flacheren Hangpartien (Profil 3) kommt es aufgrund des dichten Unterbodens, der die Durchwurzelung erschwert, zu Staunässebildung. Dort ent-stehen Pseudogley-Parabraunerden. Im ebenen Gelände (Profil 4) bilden sich in Zusammenhang mit höheren

---

[42] vgl.: SEMMEL, A. (1993): Grundzüge der Bodengeographie, S. 49

Niederschlägen vollentwickelte Pseudogleye oder sogar Stagnogleye heraus. Die Bildung von Staunässe wird dabei vor allem in Dellen oder anderen flachen Hohlformen durch seitlichen Wasserzuzug begünstigt.[43]

3. Bodengesellschaften auf Kalkstein

Eine andere Bodengesellschaft hat sich im Kalkstein entwickelt, wie zum Beispiel in der schwäbischen Alb. Hier sind zum einen Parabraunerden vertreten, diese wechseln allerdings nicht mit Braunerden, sondern mit Rendzinen. Diese sind sehr beständige Böden, die schließlich in Braunlehm-Rendzinen übergehen. Aus diesen entsteht letztendlich die Braunlehm-Parabraunerde, auch Terra-fusca-Parabraunerde genannt. Deren B_t-Horizont weist sehr hohe Tongehalte auf und im Bodendünnschliff lässt sich viel verlagerte Tonsubstanz (Fließplasma) erkennen. Alle Böden dieser Gesellschaft enthalten Lösslehme.[44]

4. Bodengesellschaften auf kristallinen Grundgebirgen

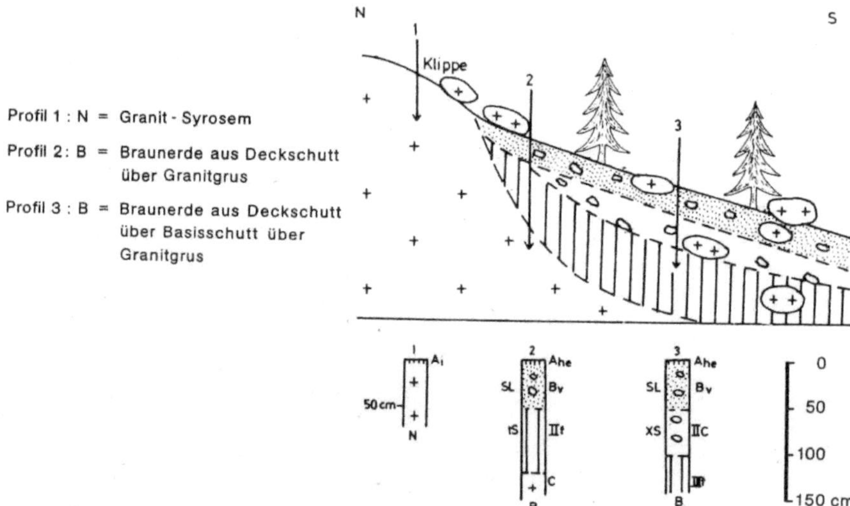

Abb.12: Bodenabfolge im vergrusten Granit am Beispiel des Bayerischen Waldes.
Symbole rechts der Profile = Horizontsymbole, links = Bodenarten

In den kristallinen Grundgebirgen Mitteleuropas, wie zum Beispiel dem Harz, Spessart, O-denwald oder Schwarzwald, sind fossile Verwitterungen weit verbreitet. Diese werden als

---

[43] vgl.: SEMMEL, A. (1993): Grundzüge der Bodengeographie, S. 49
[44] vgl.: SEMMEL, A. (1993): Grundzüge der Bodengeographie, S. 51

„Vergrusung" bezeichnet und an ihrer Oberfläche liegt in der Regel Braunerde. Der heutige Oberflächenboden hat sich allerdings nicht im Gesteinsgrus, sondern in darüber liegenden periglazialen Schuttdecken entwickelt. Abbildung 12 zeigt solch ein Beispiel aus dem Bayerischen Wald, bei dem der Granitzersatz (siehe Abb.12, Profil 1) von einer zweigliedrigen Schuttdecke aus Basis- und Deckschutt überwandert wurde. In dieser Schuttdecke finden sich unvergruste Blöcke, die aus dem oberhalb anstehenden, weitgehend unvergrusten Granit stammen.[45] Die Bodenabfolge an diesem recht flachen Hang umfasst folgende Bodentypen: „Granit-Syrosem im Bereich der Klippe, darunter oligo- bis mesotrophe Braunerde aus Deckschutt über Granitgrus [(Profil 2)] und schließlich Braunerde aus Deckschutt über Basisschutt und Granitgrus [(Profil 3)]."[46]

2.4.2 Beckenlagen der Mittelgebirge

Die Beckenlagen unterscheiden sich von den höheren Lagen dadurch, dass dort höhere jährliche Temperaturmittel, sowie geringere Niederschläge vorliegen. Als Folge dessen nimmt die Tendenz zur Pseudovergleyung, die ja Wasserüberschuss voraussetzt, ab.

Ein wichtiger Faktor der Beckenlagen ist die Zunahme von Löss. Diese hängt damit zusammen, dass während der Kaltzeiten der Löss in den trockenen Beckenlagen sowohl besser vor Auswehung geschützt war, als auch günstigere Bedingungen vorlagen, damit Lösssedimentation und dessen Erhaltung erfolgte. In den feuchteren höheren Lagen war zum einen die Zufuhr von Lössstaub geringer, als auch die Möglichkeit zur Verlagerung (Verspülung, Solifluktion) ungleich größer. Damit verbunden war gleichzeitig eine Entkalkung, bzw. Abnahme des Kalkgehalts des Lösses. So lässt sich erkennen, dass die Becken sich durch Löss als eindeutig vorherrschendes Ausgangsgestein für die holozäne Bodenbildung auszeichnen. Neben diesen Lössbecken gibt es darüber hinaus in der Nähe älterer sandreicher Sedimente, aber auch in der Umgebung von Niederterrassenfeldern, zum Beispiel der niederrheinischen Bucht oder der oberrheinischen Tiefebene, ausgedehnte Flugsand- und Dünenfelder.

Auf den Lössflächen treten unter natürlichen Gegebenheiten ausnahmslos **Parabraunerden** und, in der Verbreitung jedoch erheblich eingeschränkt, **Schwarzerderelikte** auf. Nähert man sich den feuchteren Beckenlagen, hauptsächlich an den Rändern der Mittelgebirge, nimmt die Entkalkungstiefe zu. So werden zum Beispiel am Rand des Kasseler Beckens Werte bis 400 cm erreicht. Die Lösse sind in diesem Bereich durch Einmischung lokaler Komponenten etwas grobkörniger.

---

[45] vgl.: SEMMEL, A. (1993): Grundzüge der Bodengeographie, S. 53
[46] vgl.: TIETZE, W. (1990): Geographie Deutschlands, S. 304

Die Parabraunerden aus Löss werden stellenweise auch in den Beckenlagen von anderen Böden abgelöst. Hierzu gehören zum einen semiterrestrische Böden, die sich unter dem Einfluss
hoch anstehenden Grundwassers in Tälern und anderen Geländedepressionen befinden. Zu
diesen zählen vor allem **Gleye**. An steileren Hängen wird anderes Gestein angeschnitten, auf
dem je nach Körnung und Basengehalt **Braunerden**, **Pelosole**, **Pseudogleye** oder sogar **Podsole** entwickelt sind.

Solche Bodengesellschaften werden in der folgenden Abbildung 13 mit Hilfe von Schnitten
durch ein asymmetrisches Tal des südlichen Taunusvorlandes demonstriert:

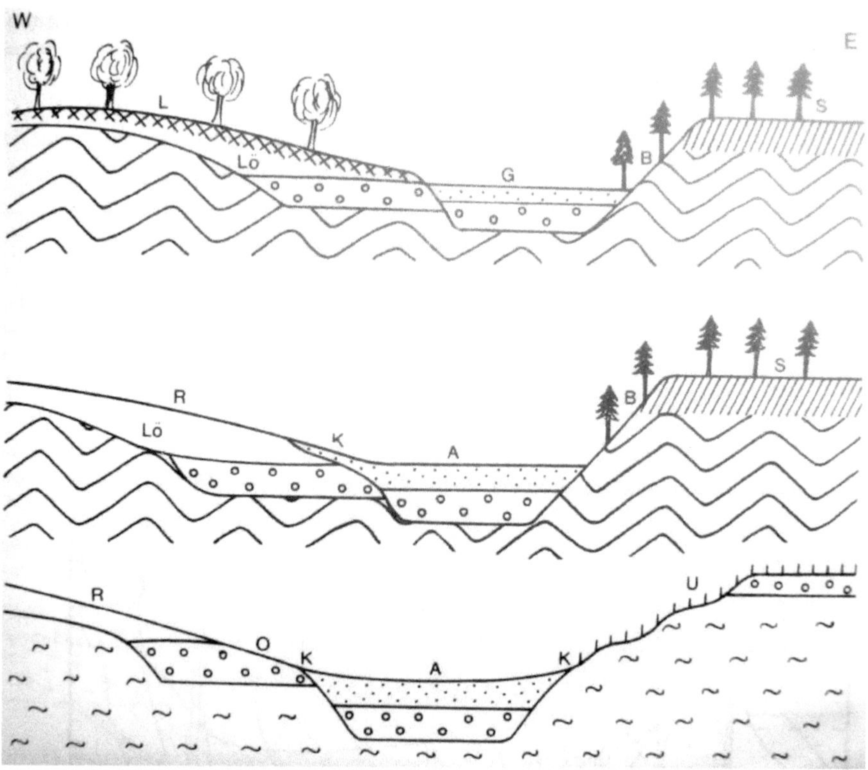

Abb.13: Bodenabfolge in asymmetrischen Tälern (südliches Taunusvorland)

Der obere Schnitt liegt am nördlichsten, nämlich am Rande des Taunus und relativ hoch. Der
mittlere Schnitt zeigt eine Bodenabfolge unter Acker und Wald. Der westexponierte Hang
wird wegen seiner Steilheit nicht beackert, deshalb ist Braunerde aus Deckschutt als natürli-
cher Boden erhalten geblieben. Auch der Pseudogley ist aus ökologischen Gründen in dieser

Höhenlage für Ackernutzung wenig geeignet. Der untere Schnitt liegt am südlichsten, nahe des Mains und relativ tief. Er zeigt eine Bodenabfolge unter Acker und Weinbergen.

Oberer Schnitt: Lö = Parabraunerde aus Löss, G = Gley aus Auenlehm über Schotter, B = Braunerde aus Deckschutt über Schiefer, S = Pseudogley aus Relikt-Graulehm tertiärer Schieferverwitterung

Mittlerer Schnitt: R = Pararendzina aus Löss (durch anthropogen bedingte Bodenerosion entstanden), K = Kolluvium (Sediment der Bodenerosion), A = Auenboden, entstanden durch stärkere Sedimentation von Auenlehm, dem fluvialen Sediment der Bodenerosion

Unterer Schnitt: R = Pararendzina aus Löss, O = Regosol aus Kies, K = Kolluvium, A = Auenboden, U = rigolter und terassierter Weinbergsboden aus tertiären Mergeln und Kies

In den trockenen Gebieten der Beckenlagen, zum Beispiel in der Magdeburger Börde, im Thüringer Becken, aber auch im Gebiet von Hildesheim sind auf den Lössen nicht Parabraunerden, sondern Schwarzerden zu finden. Im hängigen Relief sind diese mehr oder weniger stark abgetragen und werden oft durch Pararendzinen vertreten.[47]

In den Flugsandgebieten sind an der Oberfläche **Braunerden** am weitesten verbreitet. Nur auf kalkhaltigen Sanden kommen **Parabraunerden** vor. In höheren, niederschlagsreicheren und kühleren Lagen haben sich unter Nadelwald großflächig podsolierte Braunerden und Podsole entwickelt. Ein Beispiel dafür ist das Regnitz-Gebiet. „Unter den Braunerden auf kalkfreien Sanden beginnt in ca. 100 cm Tiefe die „Bänderzone", d.h. ein Wechsel von millimeter- bis dezimeterstarken, kräftig-braunen Ton-Eisen-Horizonten mit hellen Horizonten."[48] Die tonreichen Horizonte sind durch Toneinwaschung entstanden.

Unter den Braunerden auf kalkhaltigen Flugsanden beginnt in ca. 100 cm Tiefe nicht eine Bänderzone, sondern ein kompakter rotbrauner Bt-Horizont, der in seinen oberen Partien manchmal eine Differenzierung in tonreiche und tonarme dünne Horizonte aufweist.

Diese Braunerden und Parabraunerden der Flugsandgebiete sind sehr trockene Lagen, die durch Kiefernforste, zum Teil im Wechsel mit Eichen-Mischwäldern, genutzt werden. Andere Laub-Mischwälder finden sich nur auf grundwassernahen Böden.[49]

---

[47] vgl.: SEMMEL, A. (1993): Grundzüge der Bodengeographie, S. 60
[48] vgl.: SEMMEL, A. (1993): Grundzüge der Bodengeographie, S. 60
[49] vgl.: SEMMEL, A. (1993): Grundzüge der Bodengeographie, S. 61

2.5 Die Bodengesellschaften des nördlichen Alpenvorlandes

Die Bodendecke des Alpenvorlandes, das überwiegend aus Sand- und Mergelsteinen besteht, ist aufgrund des Alters der Herausbildung des Gebirges und der intensiven Verwitterung sehr jung und durch engräumigen Bodenwechsel gekennzeichnet.[50] Gebildet haben sich die Böden auf dem Moränenmaterial der ehemaligen Vorstöße der Alpengletscher und auf den zugehörigen Schotterfeldern (Deckenschotter, Hochterrassen- und Niederterrassenschotter). Da dieses Material überwiegend aus den Kalkalpen stammt, ist es sehr kalkreich.

Die Abfolge der Bodengesellschaften im Alpenvorland ist anhand der typischen Leitböden in der folgenden Abbildung 14 dargestellt:

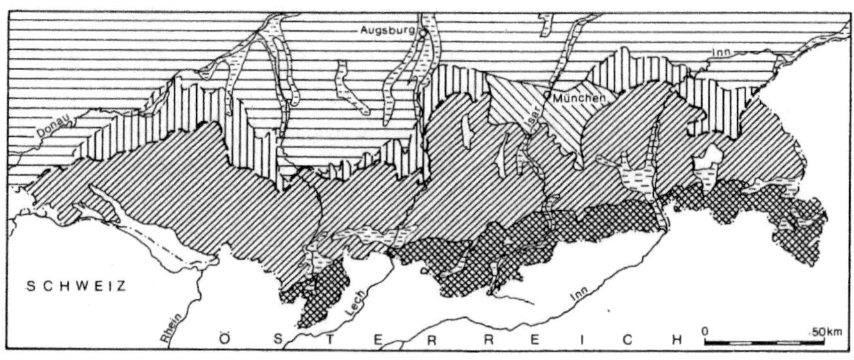

— — — Grenze der Würm-Vereisung

— — — Grenze der älteren (Präwürm-) Vereisungen

Parabraunerde hoher bis mittlerer Basensättigung und mittlerer Entkalkungstiefe

Parabraunerde mittlerer bis hoher Basensättigung und z. T. großer Entkalkungstiefe

Parabraunerde hoher bis mittlerer Basensättigung und mittlerer Entkalkungstiefe aus Schottern

Parabraunerde aus Lößlehm oder Terrafusca-Parabraunerde

Auenböden

Ranker und Rendzina in den Alpen

Abb.14: Vereisungsgrenzen und Bodenverbreitung im Alpenvorland

„Gemäß den kühl-feuchten Klimabedingungen im Bayerischen-Oberschwäbischen Alpenvorland mit 800-1200 mm Niederschlag bei ostwärts zunehmender Kontinentalität haben sich vor allem **Parabraunerden** entwickelt."[51] Deren Basenversorgung ist abhängig von der Entkal-

---

[50] vgl.: LIEDTKE, H. (2002): physische Geographie Deutschlands, S. 284
[51] vgl.: TIETZE, W. (1990): Geographie Deutschlands, S. 305

kung ihrer Substrate, sie wird bestimmt durch deren Alter und Herkunft. So herrschen etwa im Jungmoränen-Alpenvorland und auf den zugehörigen letzteiszeitlichen Schotterfeldern Parabraunerden mittlerer bis guter Basenversorgung vor. Daneben kommen auf jungen kalkreichen Schwemmkegeln am Alpenrand rendzinaartige Böden wie **Pararendzinen** vor. Jedoch ändern sich die Verhältnisse außerhalb der Jungmoränen und kalkreichen Niederterrassen-Schotterfelder: die Entkalkungstiefen sind deutlich größer und es besteht eine Tendenz zu lehmig-schluffiger Verwitterung, die zu Bodenverdichtungen führt. Hier überwiegen Parabraunerden mit mittlerer bis geringer Basenversorgung, zu denen sich ein hoher Anteil von staunassen Böden gesellt.[52]

Parabraunerden mittlerer Basensättigung sind insgesamt charakteristisch für das Tertiärhügelland sowie den nördlichen Teil der Iller-Lech-Platten. Das Tertiärhügelland umfasst eine Fläche von ca. 2.633 km² und wird begrenzt durch die Donau im Norden, den Inn im Osten und Südosten, die Münchener Ebene im Süden und den Unterlauf des Lechs im Westen.[53] Basenarme **Braunerden** treten vorwiegend in den höheren Lagen des Tertiärhügellandes und teilweise auf den Deckenschotterplatten des Iller-Lech-Gebietes unter Wald auf; podsolierte Braunerden bei quarzreichen Substraten, wie es im Hügelland die Hauptschotterkappen liefern.

In den zahlreichen Flussauen mit hohem Grundwasserstand sind die typischen **Auenböden** anzutreffen.[54] Diese entstehen aus den Sedimenten der Fluss- und Bachauen. Bei unregulierten Fließgewässern etwa werden sie periodisch überflutet. Je nach Entwicklungsgrad beobachtet man Horizontfolgen wie Ah-Bv-Go oder Ah-GC.[55]

Da die Alpenflüsse im Spät- und Postglazial noch kräftig aufgeschottert haben, sind auf den breiten Talböden der Kastentäler durch Rückstau der seitlichen Zuflüsse ausgedehnte Flachmoore entstanden.

2.6 Die Bodengesellschaften der Alpen

Der Anteil der Bundesrepublik Deutschland an den Alpen ist flächenmäßig gering. So bilden die Alpen nur 1,3% der Gesamtbodenfläche Deutschlands, was 4.798 km² entspricht.[56] Die Bodendecke ist aufgrund des Alters der Herausbildung des Gebirges und der intensiven Verwitterung sehr jung. Die Bodenmächtigkeit nimmt aus klimatischen und geomorphologischen

---

[52] vgl.: TIETZE, W. (1990): Geographie Deutschlands, S. 306
[53] vgl.: http://www.umweltbundesamt.de/umweltproben/upb36.htm (aufgerufen am 9.6.2008)
[54] vgl.: TIETZE, W. (1990): Geographie Deutschlands, S. 307
[55] vgl.: SCHEFFER, F. (1998): Lehrbuch der Bodenkunde, S. 438
[56] vgl.: LIEDTKE, H. (2002): physische Geographie Deutschlands, S. 273

Gründen mit der Höhe ab, obwohl in Gunstlagen zuweilen auch mächtige Decksedimente mit tiefgründigen Bodenbildungen zu finden sind. Neben den Gesteinen prägen die Höhenklimate und die Vegetationstypen die Bodenbildung entscheidend.[57] Die Alpen können, geologisch vereinfacht, in randliche Kalk- und zentrale Kristallin-Alpen gegliedert werden. „Innerhalb dieser Zonen ist jeweils eine Höhenstufung entwickelt, die von der Wald- über die Krummholz- und Zwergstrauch- und von hier über die Mattenstufe zur subnivalen und nivalen Stufe führt."[58] Die subnivale Stufe setzt zwischen 2.400 und 2.600 Metern über der Meereshöhe ein und wird bei ca. 2.800 Metern von der nivalen Stufe abgelöst.

2.6.1 Kalkalpen

Kennzeichnend für die aus Kalken, Dolomiten und Mergeln aufgebauten Kalkalpen sind vor allem **Rendzinen**.[59]

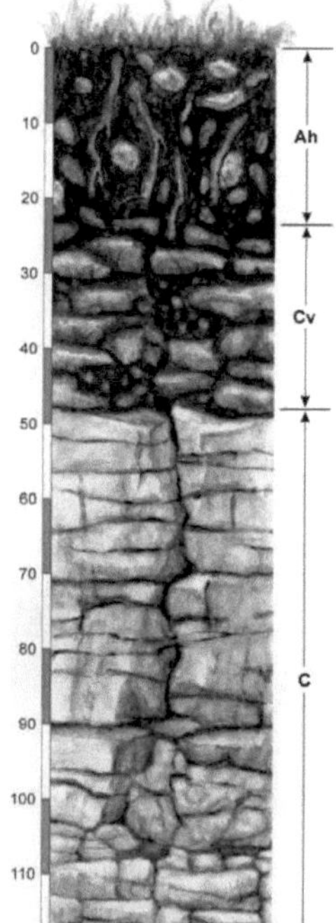

Abb.15: Rendzina

a. Profil:

Die typische Rendzina besitzt einen humus- und skelettreichen, krümeligen Ah-Horizont über einem festen oder lockeren Carbonat- oder Gipsstein. Der obere Gesteinshorizont ist häufig durch Frostsprengung zerteilt und mit Sekundärkalk angereichert.

b. Entwicklung:

Die physikalische und chemische Verwitterung sind die Hauptentstehungsprozesse. Kalkstein-, Dolomit-, Tonmergel- oder Gips-Syrosemen sind hierbei die Ausgangssubstrate. Die chemische Verwitterung bewirkt im wesentlichen eine Auswaschung der Carbonate und Sulfate in das Grundwasser. Dadurch werden Silikate und Oxide freigesetzt, welche als Lösungsrückstand das Solum bilden.

Die Geschwindigkeit der Bodenentwicklung ist umso höher, je humider das Klima ist und je höher Zerteilungsgrad und Porosität der Gesteine sind.

c. Eigenschaften:

Mullrendzinen haben einen sehr hohen Anteil an organischer Substanz im Ah-Horizont. Dieser beträgt zum Teil bis zu 20%. Rendzinen besitzen ein großes

---

[57] vgl.: GLASER, R. (2007): physische Geographie, S. 70
[58] vgl.: SEMMEL, A. (1993): Grundzüge der Bodengeographie, S. 66
[59] vgl.: TIETZE, W. (1990): Geographie Deutschlands, S. 308

Porenvolumen, sind jedoch meist sehr flachgründig. Sie werden daher vorwiegend als Forst oder Trockenrasen für die Weide genutzt.[60]

Lokal im Gebiet von Moränenablagerungen auf Talformen finden sich auch Terra-fusca-Bildungen. Schutthalden und Schwemmfächer mit junger Bodenbildung sind meist von rendzinaartigen Böden wie Pararendzinen gekennzeichnet. Die steilen Talwände, die insbesondere durch das pleistozäne Eisstromnetz, lokal aber auch durch postglaziale Bacheinschnitte gebildet wurden, weisen einen hohen Anteil von Rohböden und beginnender Bodenbildung auf.

Begibt man sich talwärts, so gehen die Rendzinen in zumeist basenreiche Parabraunerden und lokal auch Terra-fusca-Parabraunerden auf Moränenmaterial und Schottern mit tiefem Grundwasser über.[61]

Betrachtet man die Abfolge der Bodengesellschaften in Bezug auf die in Kapitel 2.6 genannten Höhenstufungen, so findet man in den tieferen Lagen in der *Waldstufe* unter Laubwald ähnliche Böden wie in den Mittelgebirgen: neben den zonalen Braunerden, Parabraunerden und Rendzinen findet man auch Pseudogleye und in den Tälern Auenböden sowie Gleye und Niedermoore. In dieser Höhenstufe ist ackerbauliche Bodennutzug weit verbreitet.

Mit zunehmender Meereshöhe (1.000 Meter bis 1.500 Meter) nimmt der Anteil der Buchen und Tannen in den Wäldern zu, wir befinden uns in der montanen Stufe. In den Böden treten Podsolierungsmerkmale auf und die Ackerkultur geht zugunsten der Grünlandwirtschaft zurück. In der sich anschließenden subalpinen Waldstufe ist schließlich nur noch Almwirtschaft möglich. Der Abbau der organischen Substanz des Bestandsabfalles wird durch die hohen Niederschläge und die Temperaturabnahme gehemmt. Es entstehen mächtige Auflagen von Tangelhumus, der dem Rohhumus entspricht, jedoch oft nicht sauer ist.

In der *Krummholzstufe* ist die Tangelrendzina weit verbreitet. Sie stellt dort das Endglied der Bodenentwicklung auf Carbonatgestein dar.

Im Bereich der *Mattenstufe* stellen sich durch die intensive Beweidung Frostmusterböden ein. Am häufigsten sind hierbei Girlanden- und Streifenböden. Die Ursache für die dortige Entstehung von Kalkstein-Syrosemen (Rohböden) ist die Bodenabspülung. Diese Böden sind kennzeichnend für die subnivale Stufe.[62]

---

[60] vgl.: SCHEFFER, F. (1998): Lehrbuch der Bodenkunde, S. 422
[61] vgl.: TIETZE, W. (1990): Geographie Deutschlands, S. 308
[62] vgl.: SEMMEL, A. (1993): Grundzüge der Bodengeographie, S. 67

2.6.2 kristalline Zentralalpen

„In den Zentralalpen sind silikatische Kristallingesteine wesentlich weiter verbreitet als Kalkgesteine."[63] Neben **Braunerden** mit Kiefernwald kommen auf trockenen Kalken so genannte Xero-Rendzinen vor.

In den mittleren und höheren Lagen der *Waldstufe* findet man im allgemeinen auf den silikatischen Gesteinen **Podsole**, auf denen Fichten, Zirbelkiefern und Lärchen wachsen. **Gleye** und Moore kommen in Mulden vor.

An manchen Stellen geht der Wald direkt in die *Mattenstufe* über, an andern schalten sich die Zwergstrauchheiden dazwischen. Durch die verstärkte Ansammlung an leicht zersetzbarer organischer Substanz entstehen durch Vermischung mit dem reichlich vorhandenen silikatischen Feinmaterial **alpine Ranker** mit mächtigen Ah-Horizonten.

In der subnivalen Stufe findet man Frostschutt- und Frostmusterböden. Außerdem treten Silikat-Rohböden auf, die jedoch nicht so häufig sind wie die Syroseme auf den härteren Kalksteinen der Randalpen.[64]

2. <u>Anthropogene Bodenveränderungen und Bodendegradation</u>

Durch jahrhundertelange, mitunter intensive Nutzung haben die mitteleuropäischen Böden wesentliche Veränderungen erfahren. Die Beeinträchtigungen betreffen gegenwärtig vor allem landwirtschaftlich genutzte Flächen, auf denen durch intensive Nutzung oder auch durch „Überintensivierung" Schäden hervorgerufen werden. Dieses sind insbesondere

- Bodenverdichtung und Gefügeschäden infolge mechanischer Belastung,
- Bodenverlagerung durch Wasser- und Winderosion,
- Bodenversauerung oder –eutrophierung infolge chemischer Belastung,
- schädliche Bodenveränderungen durch lokalen oder diffusen Schadstoffeintrag, zum Beispiel Klärschlammeinsatz, Überdosierung von Pestiziden, Luftverunreinigung.

In der folgenden tabellarischen Abbildung 16 sind einige regionale Zusammenhänge der Gefährdung und Abbau der Bodendecke in Abhängigkeit von den Bodeneigenschaften dargestellt.[65]

---

[63] vgl.: SEMMEL, A. (1993): Grundzüge der Bodengeographie, S. 67
[64] vgl.: SEMMEL, A. (1993): Grundzüge der Bodengeographie, S. 68
[65] vgl.: LIEDTKE, H. (2002): physische Geographie Deutschlands, S. 285

Bodenregion	Bodenschutzrelevante Eigenschaften der Bodendecke	Gefährdung der Böden und Bodendegradation durch nutzungsbedingte Belastung
Flussauen und Marschen	Junge Sedimentationsgebiete mit Auenlehm bis Auenton und marinen Sedimenten; in Überflutungsgebieten aktuelle Sedimentation Hohes Speichervermögen für Nähr- und Schadstoffe, hohe Grundwasserstände, z.T. oberhalb 1,0 Meter Starke Bodenheterogenität durch unterschiedliche Mächtigkeit der Deckschicht und im Talquerschnitt wechselnde Wasserverhältnisse	Bodenverdichtung mit Strukturschäden auf Auenlehmen und –tonen sowie Marschen; z.T. sekundäre Vernässung Gefahr der Anreicherung von Schwermetallen und organischen Rückständen in Auensedimenten und marinen Sedimenten Grundwassergefährdung durch Stoffaustrag aus der Bodendecke bzw. durch Uferfiltration
glaziale Sedimentationsgebiete	Unterschiedliche Substratverhältnisse; z.T. tiefgründige Sande mit hoher Infiltration, z.T. mächtige Geschiebemergel und –lehme mit geringer Infiltration und hohem Speichervermögen Unausgeglichene hydrologische Bedingungen (z.T. Abflussbehinderung, Binnenentwässerung) und gebietsweise engräumige Reliefgliederung mit Kuppen, Senken, Kleinformen, vor allem im Jungmoränengebiet In Teilgebieten hohe Grundwasserstände mit Gleyböden und Mooren Starke Bodenheterogenität nach Substrat- und Wasserverhältnissen	Verdichtungsgefährdung auf Ackerböden, insbesondere Krumenbasisverdichtung bei Sand- und Lehmsubstraten Wassererosionsgefährdung auf kuppigen bis welligen Platten, Winderosionsgefährdung in ebenen, offenen Gebieten mit Sanden und/oder mit Torfdecken Lateraler Nährstofftransport mit Stoffeintrag in Seen und Vorfluter bei bindigen, reliefierten Böden; hohe Versickerung und Stoffeintragsgefährdung ins Grundwasser bei Sanden Torfmineralisierung, Moordegradierung und Humusschwund in entwässerten Moorgebieten
Lössbörden	Homogene Substratverhältnisse, in Randgebieten auch heterogene; hohes Speichervermögen für Wasser, Nähr- und Schadstoffe Ausgeglichene natürliche Entwässerung, z.T. rascher Austrag, unterschiedliches Relief von eben bis wellig zu stark gegliedert und zerschnitten Nach Klimabedingungen differenziert in Trockengebiete (Schwarzerden), Übergangslagen (Parabraunerden) und Feuchtgebiete (Pseudogleye) Geringe bis mäßige Bodenheterogenität, bei Einheitlichkeit des Substrat vor allem hydromorphiebedingt	Starke Wassererosionsgefährdung in allen reliefierten Gebieten, Winderosionsgefährdung in ebenen Schwarzerdegebieten Verschlämmung der Bodenoberfläche und Reduzierung des Porenraums durch Verdichtung in den feuchteren Lössgebieten Sekundäre Vernässung infolge Oberflächenabfluss und Abflussbehinderung (Verrohrung, Verschlämmung) Intensiver lateraler Stofftransport bis in die Vorfluter In Ballungszentren und Industriegebieten Gefahr des Fremdstoffeintrags

Bodenregion	Bodenschutzrelevante Eigenschaften der Bodendecke	Gefährdung der Böden und Bodendegradation durch nutzungsbedingte Belastung
Bergländer und Mittelgebirge	Unterschiedliche Substrate in Abhängigkeit von den Ausgangsgesteinen, häufig als mehrgliedrige Schuttdecken ausgebildet, in den Oberböden hohes bis mittleres Speichervermögen für Wasser, Nähr- und Schadstoffe; Unterböden und Untergrund nach Ausgangsmaterial verschieden, z.T. durchlässig – klüftig (Sandstein, Kalk, Grus), z.T. undurchlässig – dicht (Ton, Lössderivate) Regional und räumlich differenzierte hydrologische Bedingungen mit Wasserspeicherung in Quellmulden und raschem Abfluss in Gebirgstälern, z.T. Karsterscheinungen Nährstoffverhältnisse der Böden sehr unterschiedlich in Abhängigkeit von den Ausgangsgesteinen Klimatisch differenziert nach Luv-Lee-Effekten und Höhenstufen Mäßige Bodenheterogenität bei Vergesellschaftung verschiedener Ausgangsgesteine und Decken	Wassererosionsgefährdung in ackergenutzten Schichtstufenländern und Mittelgebirgen mit Gefahr der Beseitigung der schluffreichen oberen Decke und der Zunahme flachgründiger Böden Verschlämmung und Verdichtung der Bodenoberfläche mit Strukturschädigung durch Feuchteunterschiede während der Bodenbearbeitung Laterale Nährstoffverlagerung durch Oberflächenabfluss und Hangwasser mit Eutrophierungsgefahr für Trinkwasserreserven und Oberflächengewässer Beschleunigter Stofftransport in Leitbahnen (Klüften, tektonischen Linien, Schuttdecken) mit Gefährdung des Grund- und Trinkwassers Versauerung der Waldböden bei höheren Niederschlägen, in höheren Lagen und unter dem Einfluss von SO_2-Immision
Alpen und Voralpen	Bodenunterschiede in Abhängigkeit von Höhenstufen und Gestein; in der kollinen und montanen Stufe noch entwickelte Böden vorhanden (Rendzinen, Braunerden u.a.), in der alpinen Stufe Fels-Humusböden und Rohböden Durch junge Verwitterungs-, Umlagerungs- und Abtragungsvorgänge z.T. hohe Bodenheterogenität	Bodenverlust durch Massenbewegungen, Hangrutschungen, Erosion, z.T. Vernichtung der geringmächtigen Bodendecke bis fast aufs Felsgestein Teilweise stark erhöhter Oberflächenabfluss mit Gefahr von Überschwemmungen und Lawinenbildung Bodenversauerung bei hohen Niederschlägen und durch Immission

Abb.16: Gefährdung und Degradation der Böden in Abhängigkeit von Bodenregion und Bodeneigenschaften

Hierbei wird deutlich, dass aufgrund der Bodenverhältnisse einschließlich des Untergrundes, des Landschaftswasserhaushaltes und des Klimas in den jeweiligen Regionen charakteristische Bodenveränderungen und –degradationen zu erwarten sind.

So resultiert in den Auen und Marschen aus der Sedimentation, die bis in die Gegenwart reicht, dem hohen Grundwasserstand und der periodischen Überflutung eine besondere Gefährdung der sich gerade erst herausbildenden Bodenstruktur. Die Folge dessen sind Verdichtungen des Oberbodens. „Außerdem sind die jüngsten fluvialen und marinen Sedimente infolge von Industrialisierung und Verstädterung in den Einzugsgebieten teilweise mit Schwermetallen und anderen Schadstoffen belastet, so dass Nutzungsrisiken entstehen können."[66]

Die Böden der glazialen Sedimentationsgebiete des Norddeutschen Tieflandes reagieren unterschiedlich auf menschliche Einwirkungen. Für die Moränenlandschaften nördlich der Pommerschen Eisrandlage ist Bodenerosion mit Vernässung und Nährstoffansammlung in den Senken charakteristisch. Großflächige Bodenverdichtung dominiert in den stärker sandigen Gebieten des älteren Jungmoränengebietes und des Altmoränengebietes. Eine erhebliche Belastung stellt weiterhin gebietsweise Winderosion dar.

Die Böden der Lössbörden sind wegen ihres relativ ausgeglichenen Wasser- und Nährstoffhaushalts und ihres Puffervermögens weniger durch Bodendegradation geschädigt. Jedoch sind sie erheblich von Bodenerosion betroffen, oft in Verbindung mit Gefügeschäden und oberflächiger Verschlämmung.

In den Bergländern und Mittelgebirgen tritt in den Schichtstufenlandschaften bei intensiver Ackernutzung und in Weinbaugebieten verstärkt Bodenerosion auf. Ferner treten vor allem in den höheren Lagen erhöht Bodenversauerung und Vernässung auf.

In den Alpen schließlich nahm die Gefährdung der Bodendecke durch Übernutzung stetig zu. Durch Massenverlagerung, zum Beispiel durch Hangrutschungen, sowie durch Bodenerosion werden größere Teile der ohnehin geringmächtigen Rohböden, Rendzinen und Ranker vernichtet. Die Folge sind häufig verstärkter Oberflächenabfluss, Überschwemmungen und Lawinengefahr.[67]

---

[66] vgl.: LIEDTKE, H. (2002): physische Geographie Deutschlands, S. 285
[67] vgl.: LIEDTKE, H. (2002): physische Geographie Deutschlands, S. 288

4. Abbildungsverzeichnis

Abb.1: Vega

    Aus: BAYERISCHES STAATSMINISTERIUM FÜR UMWELT, GESUNDHEIT UND

        VERBRAUCHERSCHUTZ: Handreichung „Lernort Boden", Sachinformation A, S.45

Abb.2: Podsol

    Aus: BAYERISCHES STAATSMINISTERIUM FÜR UMWELT, GESUNDHEIT UND

        VERBRAUCHERSCHUTZ: Handreichung „Lernort Boden", Sachinformation A, S.42

Abb.3: Gley

    Aus: STAATSMINISTERIUM FÜR UMWELT, GESUNDHEIT UND

        VERBRAUCHERSCHUTZ: Handreichung „Lernort Boden", Sachinformation A, S.46

Abb.4: Bodenabfolge im Altmoränengebiet

    Aus: SEMMEL, ARNO (1993): Grundzüge der Bodengeographie, S.65

Abb.5: Parabraunerde

    Aus: STAATSMINISTERIUM FÜR UMWELT, GESUNDHEIT UND

        VERBRAUCHERSCHUTZ: Handreichung „Lernort Boden", Sachinformation A, S.41

Abb.6: Pseudogley

    Aus: STAATSMINISTERIUM FÜR UMWELT, GESUNDHEIT UND

        VERBRAUCHERSCHUTZ: Handreichung „Lernort Boden", Sachinformation A, S.44

Abb.7: Schwarzerde

    Aus: STAATSMINISTERIUM FÜR UMWELT, GESUNDHEIT UND

        VERBRAUCHERSCHUTZ: Handreichung „Lernort Boden", Sachinformation A, S.43

Abb.8: Schematisches Sammelprofil zur Deckschichtengliederung

    Aus: EITEL, B. (2006): Bodengeographie, S.86

Abb.9: Braunerde

    Aus: STAATSMINISTERIUM FÜR UMWELT, GESUNDHEIT UND

        VERBRAUCHERSCHUTZ: Handreichung „Lernort Boden", Sachinformation A, S.40

Abb.10: Bodenabfolge im nördöstlichen Rheinischen Schiefergebirge

    Aus: TIETZE, W. (1990): Geographie Deutschlands, S.299

Abb.11: Bodenabfolge im Osthessischen Bergland

    Aus: TIETZE, W. (1990): Geographie Deutschlands, S. 301

Abb.12: Bodenabfolge im vergrusten Granit

    Aus: TIETZE, W. (1990): Geographie Deutschlands, S.304

Abb.13: Bodenabfolgen in asymmetrischen Tälern

    Aus: SEMMEL, ARNO (1993): Grundzüge der Bodengeographie, S. 57

Abb.14: Vereisungsgrenzen und Bodenverbreitung im Alpenvorland

    Aus: TIETZE, W. (1990): Geographie Deutschlands, S.306

Abb.15: Rendzina

    Aus: STAATSMINISTERIUM FÜR UMWELT, GESUNDHEIT UND

        VERBRAUCHERSCHUTZ: Handreichung „Lernort Boden", Sachinformation A, S.38

Abb.16: Gefährdung und Degradation der Böden

    Aus: LIEDTKE, H. (2002): physische Geographie Deutschlands, S.286

5. Literaturverzeichnis

ARBEITSGEMEINSCHAFT BODENKUNDE (2005): Bodenkundliche Kartieranleitung. 5. verbesserte und erweiterte Aufl., Hannover/Stuttgart

BAYERISCHES STAATSMINISTERIUM FÜR UMWELT, GESUNDHEIT UND VERBRAUCHERSCHUTZ: Handreichung „Lernort Boden"

EITEL, BERNHARD (2006): Bodengeographie. 3. Auflage, Braunschweig: westermann

FIEDLER, HANS JOACHIM (2001): Böden und Bodenfunktionen. In Ökosystemen, Landschaften und Ballungsgebieten. Forum EIPOS, Band 7, Renningen-Malmsheim: expert-Verlag

GLASER, RÜDIGER & GEBHARDT, HANS U.A. (2007): Geographie Deutschlands. Darmstadt: Wissenschaftliche Buchgesellschaft

LIEDTKE, HERBERT & MARCINEK, JOACHIM (1995): physische Geographie Deutschlands. 2., durchgesehene Aufl., Gotha: Justus Perthes Verlag Gotha

LIEDTKE, HERBERT & MARCINEK, JOACHIM (2005): physische Geographie Deutschlands. 3., überarbeitete und erweiterte Aufl., Gotha: Justus Perthes Verlag Gotha

SCHEFFER, FRITZ (1998): Lehrbuch der Bodenkunde. 14. neu bearb. und erw. Aufl., Heidelberg: Spektrum Akademischer Verlag GmbH

SEMMEL, ARNO (1993): Grundzüge der Bodengeographie.3., überarbeitete Aufl., Stuttgart: Teubner Studienbücher

TIETZE, WOLF & BOESLER, KLAUS-ACHIM U.A. (1990): Geographie Deutschlands. Bundesrepublik Deutschland. Staat – Natur – Wirtschaft. Stuttgart: Gebrüder Borntraeger Berlin

http://www.umweltbundesamt.de/umweltproben/upb36.htm (aufgerufen am 9.6.2008)